BEI GRIN MACHT SICH IHR WISSEN BEZAHLT

- Wir veröffentlichen Ihre Hausarbeit, Bachelor- und Masterarbeit

- Ihr eigenes eBook und Buch - weltweit in allen wichtigen Shops

- Verdienen Sie an jedem Verkauf

Jetzt bei www.GRIN.com hochladen und kostenlos publizieren

Bibliografische Information der Deutschen Nationalbibliothek:

Die Deutsche Bibliothek verzeichnet diese Publikation in der Deutschen Nationalbibliografie; detaillierte bibliografische Daten sind im Internet über http://dnb.d-nb.de/ abrufbar.

Dieses Werk sowie alle darin enthaltenen einzelnen Beiträge und Abbildungen sind urheberrechtlich geschützt. Jede Verwertung, die nicht ausdrücklich vom Urheberrechtsschutz zugelassen ist, bedarf der vorherigen Zustimmung des Verlages. Das gilt insbesondere für Vervielfältigungen, Bearbeitungen, Übersetzungen, Mikroverfilmungen, Auswertungen durch Datenbanken und für die Einspeicherung und Verarbeitung in elektronische Systeme. Alle Rechte, auch die des auszugsweisen Nachdrucks, der fotomechanischen Wiedergabe (einschließlich Mikrokopie) sowie der Auswertung durch Datenbanken oder ähnliche Einrichtungen, vorbehalten.

Impressum:

Copyright © 2015 GRIN Verlag
Druck und Bindung: Books on Demand GmbH, Norderstedt Germany
ISBN: 9783668723542

Dieses Buch bei GRIN:

https://www.grin.com/document/427607

Nils Kratochwil

**Überblick über Norwegen als europäischer Staat.
Bevölkerung, Wirtschaft und Klima**

GRIN Verlag

GRIN - Your knowledge has value

Der GRIN Verlag publiziert seit 1998 wissenschaftliche Arbeiten von Studenten, Hochschullehrern und anderen Akademikern als eBook und gedrucktes Buch. Die Verlagswebsite www.grin.com ist die ideale Plattform zur Veröffentlichung von Hausarbeiten, Abschlussarbeiten, wissenschaftlichen Aufsätzen, Dissertationen und Fachbüchern.

Besuchen Sie uns im Internet:

http://www.grin.com/

http://www.facebook.com/grincom

http://www.twitter.com/grin_com

Facharbeit Geographie

über einen europäischen Staat

Norwegen

Inhaltsverzeichnis

Allgemeine Informationen 3

Naturraump 6

Klima 7

Wirtschaft und Verkehr 8

Bevölkerung 9

Besonderheiten 10

Quellenverzeichnis 11

Allgemeine Informationen

Landkarte von Skandinavien[1]   Bild 1

Fakten:[2]

- Sprache: Norwegisch
- Ländervorwahl +47
- Zeitzone: Ganzjährig die gleiche Zeit wie in Deutschland
- Währung: Norwegische Krone (NOK) 1 Euro = 9,22 NOK (Stand 8/2015)
- Stromspannung: 220 Volt (kein Adapter nötig)
- Straßenverkehr: Rechtsverkehr

Was kostet eigentlich...[3]

...eine Tasse Kaffee? Ca. 3 Euro

...ein Glas Bier? (0,5l) Ca. 9 Euro

...ein Glas Cola? (0,3l) Ca. 4,20 Euro

...ein Liter Benzin? Ca. 1,73 Euro (Stand: Aug 2015)

---

[1]https://www.stepmap.de/landkarte/ganz-skandinavien-auf-einer-karte-1213020 Bild 1
[2]TUI Reisekatolog 12/2015
[3]TUI Reisekatolog 12/2015

Norwegen liegt auf der skandinavischen Halbinsel und mit seiner Seeseite am Atlantischen Ozean (siehe Bild1). Die Gesamtfläche beträgt 385.186 km².[4] Das ist ungefähr so viel wie Japan oder so groß wie Nevada (USA).

Die Einwohnerzahl beträgt 5.156.451 Einwohner.[5] Zum Vergleich: Niedersachsen hat schon 7,774 Millionen Einwohner.[6] Von den Einwohnern Norwegens sind 50,1% männlich und 49,9% weiblich)[7] also sehr ausgeglichen.

Die wichtigste Stadt in Norwegen ist die Hauptstadt Oslo. Hier leben allein schon mehr als eine halbe Millionen Menschen (Das ist in etwa so viel wie Hannover). Oslo liegt im Süden des Landes und in der Nähe zu Schweden. Oslo hat sich in den letzten Jahren als ein beliebtes Reiseziel in Europa entwickelt. Dazu ist die Hauptstadt des Landes noch ein Zentrum der Kultur und des Finanzwesens sowie ein Kommunikationszentrum und der Regierungssitz. Dazu hat Oslo eine beeindruckende Landschaft und eine schöne Naturvielfalt. In der Umgebung rund um Oslo gibt es verschiedene interessante Städte und Gemeinden z.b. Sarpsborg, FredikstadLarvik oder Ringsaker.[8] Allein die Bevölkerungsanzahl dieser vier Städte und Gemeinden beträgt schon fast 900.000, also schon mehr als 16% des ganzen Landes. Im Süden des Landes, an den Küsten gelegen, gibt es noch zwei Städte, die hervorhebenswert sind. Da ist einerseits Kristiansand (70.000 Einwohner) und anderseits Stavanger, eine Gemeinde, die zu den bevölkerungsreichsten Städten von Norwegen gehört. Hier ist der Tourismus sehr stark. Bergen, eine Stadt im Südwesten, die zweigrößte Stadt Norwegens, ist die wichtigste Hafenstadt in Skandinavien und die zweitwichtigste in Norwegen.[9] In Bergen gab es mehrere verherrende Stadtbrände, die durch die typisch norwegische Bauweise begünstigt wurde.[10]

In Norwegen gibt es seit 1851 das Recht auf freie Religionswahl.

Auflistung der Religionsverteilung in Norwegen:

- Mitglieder der Norwegischen Kirche: 79 %
- Muslime: 2 %
- Römisch-katholische Kirche: 2 %
- andere Christen: 4 %
- Buddhisten: 0,3 %
- ohne Religionszugehörigkeit: 13 %

[11]

Die norwegische Kirche ist evangelisch-lutherische Volkskirche.[12] Hier ist hervorzuheben, dass der Monarch auch gleichzeitig das Oberhaupt der Kirche ist. In Norwegen gibt es eine konstitutionelle Monarchie mit einem parlamentarischen demokratischen Regierungssystem. Demokratisch, weil alle politische Macht und Rechtmäßigkeit gemäß der Verfassung bei dem Volk liegt und alle Bürger am „Stoting" (Norwegische Nationalversammlung) teilhaben können und parlamentarisch, weil die Regierung als exekutive Kraft nicht ohne das Vertrauen der legislativen Kraft, des „Stortings" regieren

---

[4]http://www.kooperation-international.de/buf/norwegen/allgemeine-landesinformationen.html
[5]https://de.wikipedia.org/wiki/Norwegen
[6]https://de.wikipedia.org/wiki/Niedersachsen
[7]http://countrymeters.info/de/Norway
[8]https://de.wikipedia.org/wiki/Bergen_(Norwegen)
[9]https://de.wikipedia.org/wiki/Bergen_(Norwegen)
[10]https://de.wikipedia.org/wiki/Norwegische_Kirche
[11]https://de.wikipedia.org/wiki/Norwegen
[12]http://www.koenigshaus-norwegen.de/monarchie/konstitution/konstitutionelle-aufgaben.htm

kann. Eine konstitutionelle Monarchie ist es, weil die Regierung ihre Macht von der Exekutiven ableitet, die der König innehat.

Daraus lassen sich folgende Aufgaben des Königs ableiten:

- Eröffnung des Parlaments
- Vorsitz des Staatsrates (wöchentliche Sitzung im Schloss)
- Empfang von Staatsgästen und Staatsbesuche im Ausland
- Empfang der neuen ausländischen Botschafter in Norwegen

13

Der aktuelle König in Norwegen heißt seit 1991 Harald V aus dem Haus Glücksburg.[14]

Norwegens Geschichte ist sehr vielfältig. Bereits seit 3000 v.Chr. muss Norwegen besiedelt sein, dies lässt sich zurückführen auf Steindenkmäler, die in der historischen Hauptstadt Trondheim (in der Provinz Sør-Trøndelag, drittgrößte Kommune des Landes) gefunden wurden.[15] Die Siedlungen des frühen Norwegens endeten alle auf –vik oder –heim, das zeugt von frühen Kleinkönigtürmern. Erstmals 872 wurden diese von Harald I. Schönhaar zu einem Reich geeinigt, dieses umfasste den größten Teil der norwegischen Küste, welches aber schon nach kurzer Regentschaft in kleine Teilreiche zerfiel.

Wikinger, hört man diesen Begriff heute, denkt man sofort an räuberische, barbarische Seefahrer, die Länder erobern und plündern, wenn nicht hat man wahrscheinlich zu viel Wickie geschaut. Viel ist über Wikinger bis dato nicht bekannt. Bekannt ist, dass sie im Bereich der Nord- und Ostseeküste siedelten, im 9. bis zum 11. Jahrhundert gelebt haben und dass sie ein Volk waren, das viel „Schifffahrt" betrieben hat. Sie waren in den nördlichen Meeren gefürchtete Eroberer.[16] Spannend wird es, wenn man sich ansieht bis in welche Weiten die Eroberer vorgedrungen sind. Sie sollen England, Island, Grönland und sogar Nordamerika erreicht haben. Diese Weiten schafft man nicht ohne vernünftige Navigation. Welche die Wikinger genau benutzen ist nicht bekannt, einige Quellen und Funde weisen aber darauf hin, dass Kristallsteine (Sonnensteine) und Sonnenpeilscheibe benutzt wurden.[17] Dennoch bekleideten Wikinger nicht lange die Herrschaft im eigenen Land.

Im 11. Und 12. Jahrhundert etwa gelang es den dänischen Königen mehrmals Norwegen zu besetzen. Sie ebneten den Weg zur Einführung des Christentums, in diesem Zug wurde das Erzbistum Trondheim gegründet und mit dem Bau der hölzernen Stabskirche wurde begonnen, welche bis heute ein Wahrzeichen Norwegens sind.[18] Ab 1397 war Norwegen ein Mitglied der Kalmarer Union, bis diese durch die Napoleonischen Kriege zerbrach und Norwegen formell an Schweden abgetreten wurde, allerdings geschah dies nie direkt und so wurde Norwegen kurzerhand unabhängig. Am 17.5.1814 gab sich das unabhängige Norwegen in Eidsvoll eine Verfassung, die mit leichten Änderungen heute noch Gültigkeit besitzt und der 17.5. wurde zum Nationalfeiertag.[19] Der zweite Weltkrieg ging auch an Norwegen nicht spurlos vorbei, so dass es am 9.4.1940 von Deutschland besetzt wurde und für dieses, aufgrund Norwegens geografischen Lage, eine wichtige „Festung" war, die gehalten werden musste. Die heimischen Nationalsozialisten verbündeten sich mit den Nazis und so kamen diese schließlich an die Macht. 1949 gehörte Norwegen zu den Gründungsmitgliedern der NATO. Per zweimaliger Volksabstimmung wurde 1972 und 1994 der Beitritt zur Europäischen Union abgelehnt, dennoch ist

---

[13]http://www.koenigshaus-norwegen.de/monarchie/koenigsfolge.htm
[14]http://www.elchburger.de/norwegen/land-und-leute/geschichte
[15]http://www.wikingerzeit.net/seefahrt-der-wikinger.html
[16]https://de.wikipedia.org/wiki/Trondheim und https://de.wikipedia.org/wiki/Geographie_Norwegens
[17]https://de.wikipedia.org/wiki/Geographie_Norwegen
[18]https://de.wikipedia.org/wiki/Trondheim
[19]https://de.wikipedia.org/wiki/Norwegen

Norwegen als Mitglied im Europäischen Wirtschaftsraum in vielen Punkten einem EU-Mitglied gleichgestellt und Mitglied des Schengener Abkommen.[20]

Naturraum

Norwegens Naturraum ist äußerst facettenreich, Fjorde (Bild 2) geschaffen von Eiszeiten sind das Markenzeichen des Landes, 40.000 Seen bilden eine Landschaft die ihres gleichen sucht und Laub- und Nadelwälder beherbergen eine große Artenvielfalt.
Nahezu die gesamte Fläche des Festlandes von Norwegen wird vom Gebirgszug des skandinavischen Gebirges, auch Skanden genannt, eingenommen.[21] Dieses durchzieht die skandinavische Halbinsel von der norwegischen Skagerrak-Küste im Süden bis zum Nordkap (nördlichsten Punkt des Europäischen Festlands), welches in Norwegen und Nordeuropa mit dem Teilgebirge Jotunheimen sich bis auf 2469m erhebt.[22]
Die Küstenlinie von Norwegen ist 2650 Km lang, bezieht man jedoch die Fjorde mit ein, wächst diese Zahl auf gut 25.000 Km an. Norwegen hat ca. 40.000 Seen, das macht bis zu 17.900 km2 der Gesamtfläche aus. Der größte ist der Mjøsa, dieser hat allein bedeckt schon eine Fläche von 365km2. Der größte Fluss ist der Glomma, mit 601 km Länge.[23]
Aufgrund Norwegens sehr nördlichen Lage, war es in den Eiszeiten so gut wie komplett von Gletschern überzogen, die die atemberaubende Fjorden Landschaft geschaffen hat, die auf der Welt unvergleichlich ist und einen ganz eigenen Charme hat, doch auch heute noch gibt es in dort Gletscher. Das hängt ganz schlicht eben mit jener Lage zusammen. 1.625 Gletscher, die sich über eine Fläche von 2600 km2 ausdehnen. Die Gletscher befinden sich meist an den Gebirgen im Westen in Fjordnähe.[24]

Typischer Fjord in Norwegen[25]   Bild 2

---

[20]https://de.wikipedia.org/wiki/Norwegen
[21]https://de.wikipedia.org/wiki/Skandinavisches_Gebirge
[22]https://de.wikipedia.org/wiki/Geographie_Norwegens#Gletscher
[23]http://www.reuber-norwegen.de/NorgeInfoGletscher.html
[24]http://www.my-entdecker.de/2011/12/06/so-ist-das-klima-in-norwegen/
[25]https://www.google.com/imgres?imgurl=http://www.norwaynutshell.com/sitefiles/site1/shop/geiranger-norway-in-a-nutshell_14_2013-02-06-14-26-19.jpg&imgrefurl=http://www.norwaynutshell.com/de/rundreisen/geirangerfjord-norway-in-a-nutshell/&h=340&w=960&tbnid=PKxzdCcVPGRVqM:&docid=5JPwFRL981n0IM&ei=AGN3Vpe5Icf7ywPKhbvwC w&tbm=isch&ved=0ahUKEwiXuZyT8-vJAhXH_XIKHcrCDr4QMwg4KAYwBg

Klima

Das Klima wird an jedem Punkt der Erde von vielen Faktoren bestimmt und beeinflusst. Guckt man sich die auf der Land-, Europa- oder Weltkarte Norwegen bzw. den Norden Europas an, meint man es wäre das ganze Jahr bitter kalt, doch so klar ist das in Norwegen gar nicht.

Norwegen liegt auf den gleichen Breitengraden wie z.B auch Grönland und Sibirien, doch der Golfstrom schafft hier ein relativ mildes Klima und dazu auch eine sehr unberechenbares. Norwegen ist also beeinflusst vom maritimen Klima und im Landesinneren vom kontinentalen. Norwegen liegt südlich in der gemäßigten Klimazone und nördlich der Polaren.[26]

Aufgrund der nördlichen Lage kann Norwegen keine große Artenvielfalt aufzeigen, gerade in Richtung Norden weist diese eine immer weniger Vielfalt auf. Allein ein Viertel des ganzen Landes ist mit Wald bedeckt, im Gemäßigten Teil des Landes überwiegend Laubwälder und im Polaren Teil hauptsächlich Nadelwälder. Küsten sind von Natur aus häufig recht vegetationsarm, das ist in Norwegen auch meist der Fall.[27]

Trotz guter klimatischer Bedingungen gerade im Süden, ist die Pflanzenvielfalt relativ gering. Es gibt ungefähr 2.000 verschiedene Pflanzenarten, die fast alle auch in anderen Ländern bekannt sind, mit Ausnahme von wenigen Gebirgspflanzen. Auch die Tierwelt ist stark von den wechselnden Klimaverhältnissen geprägt. Die Baumgrenze liegt in Südnorwegen in etwas bei 1.000 Metern und in Küstennähe bei 500 Metern. Die Wälder sind reich an Preiselbeeren, Heidelbeeren und teilweise auch Pilzen. Oberhalb der Waldgrenze, auch Fjell genannt, findet man eine Tundravegetation vor, welche Zwergsträucher, Moose und Flechten aufweisen, da diese kälteresistent ist. Gerade im Herbst ist diese Tundravegetation ein wahres Naturschauspiel, mit wunderschönen Farben in rot und gelb.[28]

Da Norwegen mit der längsten Seite seiner Fläche an der Atlantikküste liegt, spielt der Golfstrom eine wichtige Rolle, wenn es um die Klimaeinflüsse des Landes geht. Das globale Förderband, wie der Golfstrom bzw. Strömungen im Meer gerne genannt werden, schafft in Norwegen zum Teil ein sehr mildes Klima, hier spielen auch die Gebirge in Norwegen mit dem Golfstrom in einander. So ist z.B. Bergen (an der Westseite der Skanden gelegen), einer der regnerischsten Städte in Europa. Kommt man weiter ins Landesinnere, ist das Klima wieder mehr kontinental beeinflusst. Dazu gibt es in Norwegen sehr große Temperaturschwankungen, welche durch den kontinentalen Bereich im Landesinneren und im Süden bedingt sind. An hochsommerlichen Tagen kann es bis zu 30 Grad Celsius warm werden und im Winter auch mal -40 Grad Celsius.[29] Bedingt durch den Stand der Sonne geht im nördlichsten Teil des Landes genannt Hammerfest, die Sonne im Sommer zwei Monate lang nicht unter und im Winter nicht auf.

---

[26] http://www.in-norwegen.de/klima-landschaft/37/
[27] https://de.wikipedia.org/wiki/Norwegen#Klima
[28] http://www.elchburger.de/norwegen/urlaub-und-reisen/sehenswuerdigkeiten
[29] http://www.in-norwegen.de/klima-landschaft/37/ und http://www.elchburger.de/norwegen/land-und-leute/flora-und-fauna

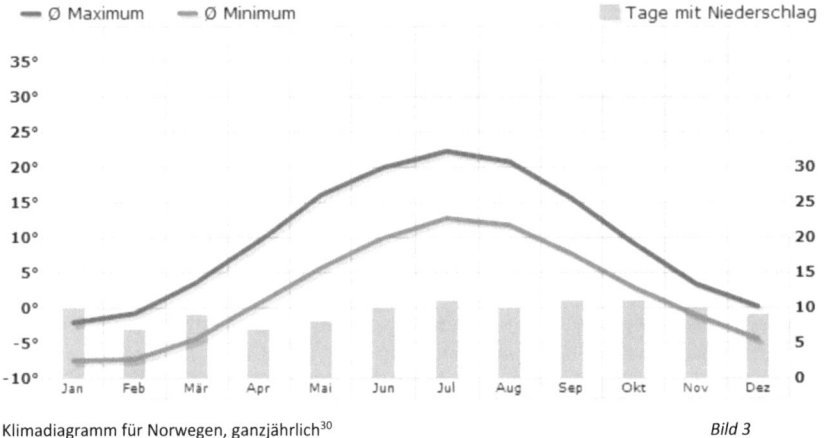

Klimadiagramm für Norwegen, ganzjährlich[30] Bild 3

Wirtschaft und Verkehr

Norwegen schneidet in den HDI-Rängen (Index für Humane Entwicklung) seit 2001 sehr gut ab, so dass es entweder den ersten oder zweiten Rang belegt. So ist es nicht verwunderlich, dass es den höchsten bzw. den zweithöchsten Lebensstandard der Welt aufweist. Das Pro-Kopf-Einkommen allein ist eines der höchsten weltweit, genau wie das Kindergeld.

Landwirtschaftlich hat das Land allerdings nicht viel zu bieten. Der Grund dafür ist das gebirgsgeprägte Festland. Dieses macht den Abbau der weitreichenden Waldgebiete fast unmöglich und unwirtschaftlich.

In Norwegen ist Strom sehr günstig (6 bis 7 Cent pro Kilowattstunde). Dieser günstige Strompreis ist nur zu halten durch die vielen heimischen Wasserkraftwerke, allein 98% des gesamten Strombedarfes des Landes deckt Norwegen alleine ab. Diese grüne Stromerzeugung hat in Norwegen eine lange Tradition und war Grundlage der Industrialisierung und die vielen kleinen Stromerzeuger, ob private, öffentliche, staatliche oder lokale schaffen viel Transparenz und ein sozialmarktwirtschaftliches Geflecht von Transparenz. Es gibt keine Atomkraftwerke und nur ein Kohlekraftwerk. Dennoch, wahrscheinlich gerade bedingt durch den niedrigen Strompreis, ist der Pro-Kopf Stromverbrauch der höchste der Welt (23.200 kWh)

Norwegen ist dank der großen Ölvorkommen sehr reich und ein Öl-Exportland, gar der dreizehngrößte Förderer weltweit, welches aber nicht zur Stromerzeugung im eigenen Land benutzt wird. Norwegen verdiente in den letzten 10-15 Jahren so viel, dass die Regierung zwischenzeitlich sogar über beheizte Straßen nachdachte. Die Fördermenge sinkt pro Jahr um ungefähr 4% (sinkende Ölpreise dieses Jahr nicht mit einkalkuliert), gegenwärtig wird diese aber von einer stärkeren Erdgasförderung ersetzt.

Norwegen ist zukunftsorientiert, dies führte zu sogenannten Ölfonds, die im 3. Quartal 2015 ca. 737 Milliarden Euro betrugen, welche aber ausschließlich am ausländischen Kapitalmarkt angelegt werden um die Aufwertung der heimischen Währung zu verhindern. Die Ölfonds sollen das engmaschige

---

[30]http://www.wetterkontor.de/de/klima/klima2.asp?land=NO&stat=01492

Sozialsystem für einige Jahre sichern, wenn die Öl- und Gasvorkommen zu Neige gehen. Norwegen hat auch abseits des Ölgeschäfts eine starke Wirtschaftskraft, z.b. die Softwareindustrie hält weltweitbekannte Marken bereit wie Opera (Internet Browser) oder den Antivirensoftwarehersteller Norman.

Die Naturlandschaften locken jedes Jahr Millionen von Touristen ins Land. Auch die Fischerei hat einen primären Stellenwert für die Wirtschaft. Allein 5,3% des Exports nimmt die Fischerei ein, diese starke Wirtschaftsbedeutung hat in den letzten Jahren leider auch das Benutzen von Aquakulturen für Fischzucht eine stärkere Rolle eingeräumt. Auch der Walfang wird noch kommerziell durchgeführt- wenn auch in geringem Umfang, was seit Jahrhunderten in Norwegen eine starke Tradition hat.

Eine weitere große Tradition ist die Schifffahrt, aufgrund dessen hat Norwegen die viertgrößte Handelsflotte der Welt. Der Wirtschaftszweig der Schifffahrt ist der zweitgrößte in Norwegen. Dies führt aber auch dazu, dass Landverbindungen oft unrentabel sind, dennoch besitzt Norwegen den längsten Straßentunnel der Welt, welcher 24,5 km lang ist und Lærdalstunne heißt. Auch den tiefsten Unterseetunnel der Welt besitzt Norwegen mit 287 Metern Tiefe. Gerade in Fjordnähe und den Küstenregionen, spielen Fähren eine besondere Rolle. Für den internationalen Verkehr bedeutsam sind die Hochseefähren, die das Land mit den Britischen Inseln, Dänemark, Schweden und Deutschland verbinden. Die wichtigsten Häfen des Landes sind Borg Havn, Bergen, Mo i Rana, Molde, Mongstad, Narvik, Oslo und Sture.

Der Flugverkehr wird von 101 kleineren und größeren Flughäfen betrieben.
In Norwegen gibt es eine sehr starke Alkoholpolitik. Daher ist es verboten Getränke die über 4,8% haben im Supermarkt anzubieten und man kann diese nur in eigens errichteten und staatlichen Geschäften kaufen. Trotz dessen ist Alkohol im Vergleich mit Schweden und Finnland relativ günstig, dies führt in grenznahen Regionen zu einem regelrechten Alkoholtourismus.[31]

Bevölkerung

Die Bevölkerung von Norwegen lebt hauptsächlich in den großen Ballungsräumen. 75% der Bevölkerung leben in den großen Städten und nur 25% in ländlichen Gebieten. Die Bevölkerungsdichte beträgt gerade mal 13 Einwohner pro km², in Niedersachsen z.B. leben 164 Einwohner pro km².[32] Guckt man sich das genauer an wird deutlich, dass die meisten Einwohner in den dicht besiedelten südlichen und westlichen Küsten- und küstennahen Regionen leben und der Norden und das Landesinnere deutlich dünner besiedelt ist.

Auch auffällig in Norwegen ist der Bevölkerungswachstum. Dieser hat sich im letzten Jahrhundert mehr als verdoppelt (von 2,21 (1900) auf 5,05 Millionen (2013)). Dies lässt sich darauf zurückführen, dass Norwegen einer der höchsten Geburtenraten in Europa hat und sehr viele Menschen eigewandert sind. Der Ausländeranteil beträgt 9,2 %.[33] Diese setzen sich hauptsächlich aus Polen, Schweden, Pakistani, Somalier, Iraker, Deutschen, Litauen, Vietnam, Dänemark, Iran, Russland, Türkei zusammen (ungefähr 33% davon haben einen norwegischen Pass.[34] Die norwegische Mentalität der Menschen vermittelt einen sehr ruhigen, angenehmen und besonnenen Eindruck der Bevölkerung.

---

[31]https://de.wikipedia.org/wiki/Norwegen#Wirtschaft
[32]https://de.wikipedia.org/wiki/Niedersachsen
[33]http://norwegen.costasur.com/de/wichtige-stadte.html
[34]https://de.wikipedia.org/wiki/Norwegen

Norwegisch ist eine nordgermanische Sprache. Amtssprachen sind norwegisch und regional Samisch, Kvenisch. Schriftsprachen gibt es zwei: Bokmålm, welche ungefähr 85-90% der Bevölkerung schreiben können und Riksmål, die aber keinen offiziellen Status genießt und eine ostnorwegische, durch dänische Einflüsse bedingte Schriftart darstellt. Gesprochener Dialekt spielt noch eine große Rolle in Norwegen.[35]

Besonderheiten

Sehenswürdigkeiten gibt es in Norwegen viele, allein jeder der unzähligen Fjorde in Norwegen würde ich als Sehenswürdigkeiten einstufen. Auch sonst hat Norwegen touristisch viel zu bieten wie z.b. den Preikestolen (Bild 4). Das ist ein natürlicher Felskanzel in Ryfylke, die Kante fällt rund 604 senkrecht Meter ab. Die imposanten Monumente wie das Königliche Schloss in Oslo oder den Nidarosdom in Trondheim machen Norwegen auch abseits der schönen Landschaften zu einem imposanten Urlaubziel.[36] Die Nordlichter, keine Touristenattraktion im herkömmlichen Sinne, sind im Norden des Landes, bei Glück zu bestaunen.

Viel hört man von Norwegen hier in Deutschland nicht bezogen auf aktuelle Ereignisse. Das mag damit zusammenhängen, dass die Nachrichten nur das schlechte zeigen und Norwegen einer der demokratischsten, reichsten und von der Bevölkerung her glücklichsten Nationen ist.

---

[35]https://de.wikipedia.org/wiki/Norwegen
[36]http://www.wetterkontor.de/de/klima/klima2.asp?land=NO&stat=01492

Quellenverzeichnis

1. https://www.stepmap.de/landkarte/ganz-skandinavien-auf-einer-karte-1213020 Bild 1
2. TUI Reisekatolog 12/2015
3. TUI Reisekatolog 12/2015
4. http://www.kooperation-international.de/buf/norwegen/allgemeine-landesinformationen.html
5. https://de.wikipedia.org/wiki/Norwegen
6. https://de.wikipedia.org/wiki/Niedersachsen
7. http://countrymeters.info/de/Norway
8. https://de.wikipedia.org/wiki/Bergen_(Norwegen)
9. https://de.wikipedia.org/wiki/Bergen_(Norwegen)
10. https://de.wikipedia.org/wiki/Norwegische_Kirche
11. https://de.wikipedia.org/wiki/Norwegen
12. http://www.koenigshaus-norwegen.de/monarchie/konstitution/konstitutionelle-aufgaben.htm
13. http://www.koenigshaus-norwegen.de/monarchie/koenigsfolge.htm
14. http://www.elchburger.de/norwegen/land-und-leute/geschichte
15. http://www.wikingerzeit.net/seefahrt-der-wikinger.html
16. https://de.wikipedia.org/wiki/Trondheim und https://de.wikipedia.org/wiki/Geographie_Norwegens
17. https://de.wikipedia.org/wiki/Geographie_Norwegen
18. https://de.wikipedia.org/wiki/Trondheim
19. https://de.wikipedia.org/wiki/Norwegen
20. https://de.wikipedia.org/wiki/Norwegen
21. https://de.wikipedia.org/wiki/Skandinavisches_Gebirge
22. https://de.wikipedia.org/wiki/Geographie_Norwegens#Gletscher
23. http://www.reuber-norwegen.de/NorgeInfoGletscher.html
24. http://www.my-entdecker.de/2011/12/06/so-ist-das-klima-in-norwegen/
25. https://www.google.com/imgres?imgurl=http://www.norwaynutshell.com/sitefiles/site1/shop/geiranger-norway-in-a-nutshell_14_2013-02-06-14-26-19.jpg&imgrefurl=http://www.norwaynutshell.com/de/rundreisen/geirangerfjord-norway-in-a-nutshell/&h=340&w=960&tbnid=PKxzdCcVPGRVqM:&docid=5JPwFRL981n0IM&ei=AGN3Vpe5Icf7ywPKhbvwCw&tbm=isch&ved=0ahUKEwiXuZyT8-vJAhXH_XIKHcrCDr4QMwg4KAYwBg
26. http://www.in-norwegen.de/klima-landschaft/37/
27. https://de.wikipedia.org/wiki/Norwegen#Klima
28. http://www.elchburger.de/norwegen/urlaub-und-reisen/sehenswuerdigkeiten
29. http://www.in-norwegen.de/klima-landschaft/37/ und http://www.elchburger.de/norwegen/land-und-leute/flora-und-fauna
30. http://www.wetterkontor.de/de/klima/klima2.asp?land=NO&stat=01492
31. https://de.wikipedia.org/wiki/Norwegen#Wirtschaft
32. https://de.wikipedia.org/wiki/Niedersachsen
33. http://norwegen.costasur.com/de/wichtige-stadte.html
34. https://de.wikipedia.org/wiki/Norwegen
35. https://de.wikipedia.org/wiki/Norwegen
36. http://www.wetterkontor.de/de/klima/klima2.asp?land=NO&stat=01492
37. https://www.google.com/search?q=norwegen+felskanzel&espv=2&biw=1366&bih=599&source=lnms&tbm=isch&sa=X&ved=0ahUKEwjrjvfl9OvJAhXjvHIKHQXGAH0Q_AUIBygC#imgrc=_7DkaIi3W2bJCM%3A
38. https://www.google.com/search?q=Nidarosdom&source=lnms&tbm=isch&sa=X&ved=0ahUKEwjthvKliezJAhUDl3IKHcRuCCYQ_AUIBygB&biw=1366&bih=599#imgrc=jINGyRJc4vU74M%3A
39. https://www.google.com/search?q=nordlichter&espv=2&biw=1366&bih=599&source=lnms&tbm=isch&sa=X&ved=0ahUKEwjhoIzniezJAhXKnnIKHdWcAaAQ_AUIBigB#imgrc=8O2237njkvFsIM%3A

BEI GRIN MACHT SICH IHR WISSEN BEZAHLT

- Wir veröffentlichen Ihre Hausarbeit, Bachelor- und Masterarbeit

- Ihr eigenes eBook und Buch - weltweit in allen wichtigen Shops

- Verdienen Sie an jedem Verkauf

Jetzt bei www.GRIN.com hochladen und kostenlos publizieren